머리말

20세기 새로운 장르로 인식된 뷰티 일러스트레이션은 서비스 산업인 뷰티 분야에서 그 특징에 따라 다양한 기능적인 측면이 부각되면서 세분화, 전문화되어 가는 과정 속에 발전하였다.

이렇게 미의 관심이 증가하는 과정 속에 뷰티 일러스트레이션의 중요성이 부각되어왔으나 용어의 낯설음은 물론 체계적인 인체의 정확한 이해와 다양한 재료와 표현 기법의 테크닉 등 학습교재의 부재로 체계적인 학습의 필요성을 절감해 본서를 펴게 되었다.

본서에서는 인체를 정확하게 파악하여 인체 연습의 기초에서부터 도구의 사용 방법, 표현 기법 등 헤어, 메이크업 등 뷰티 전반을 공부하는 후학들과 관련 종사자들이 쉽고 재미있게 이해할 수 있도록 기초 실력을 향상시키기 위해 이론과 실기 마스터 2권으로 구성되었다.

끝으로 여러분들의 관심과 격려에 감사드리며, 출판을 맡아 애써주신 청구문화사의 이상태 사장님과 직원분들께 깊은 감사의 뜻을 전한다.

2007년 8월
저자 일동

차 례

1. 명도연습

2. 선 연습

3. 자유선 연습

4. 아이브로우(Eyebrow) 연습

표준형

상승형

수평형

각진형

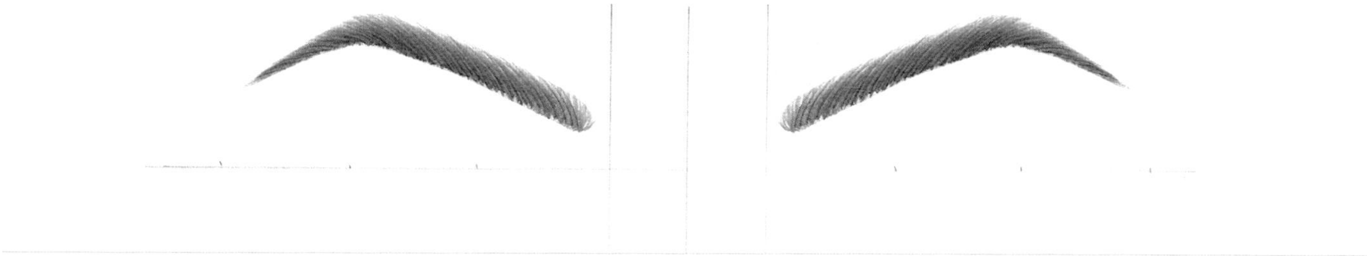

아치형

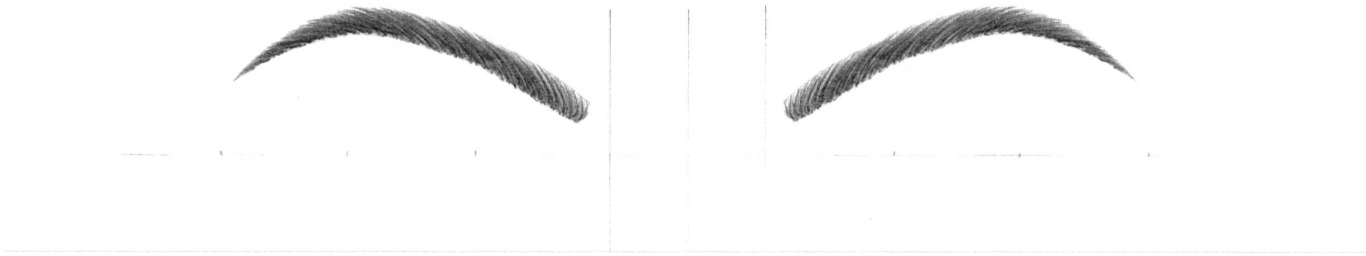

5. 눈(Eye)

1) 눈의 형태

2) 쉐도우(Shadow) 및 아이라이너(Eyeliner) 연습

표준형

상승형

수평형

각진형

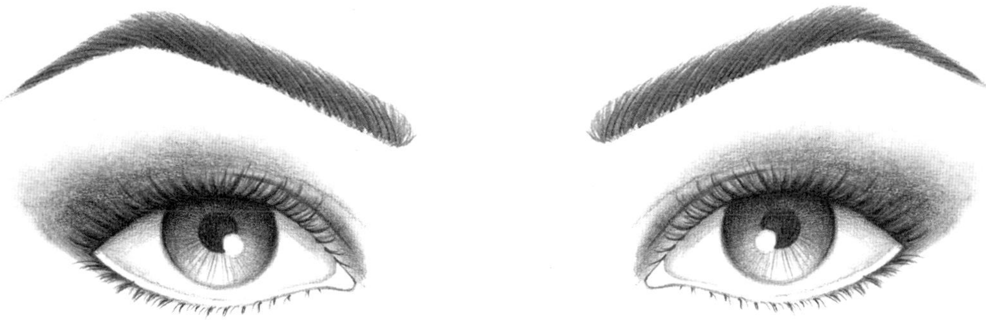

아치형

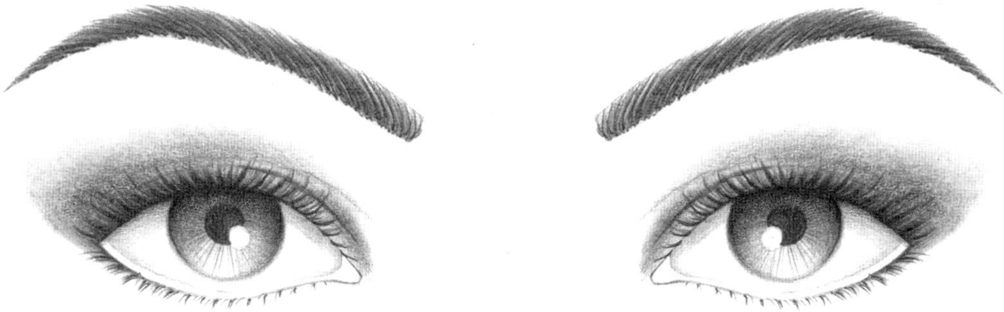

표준형

상승형

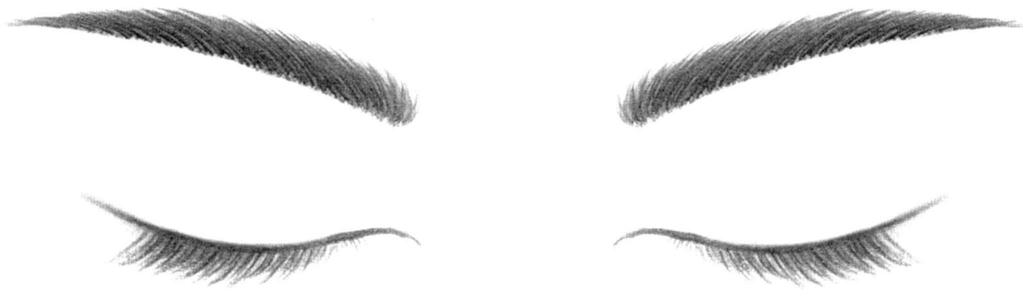

수평형

각진형

아치형

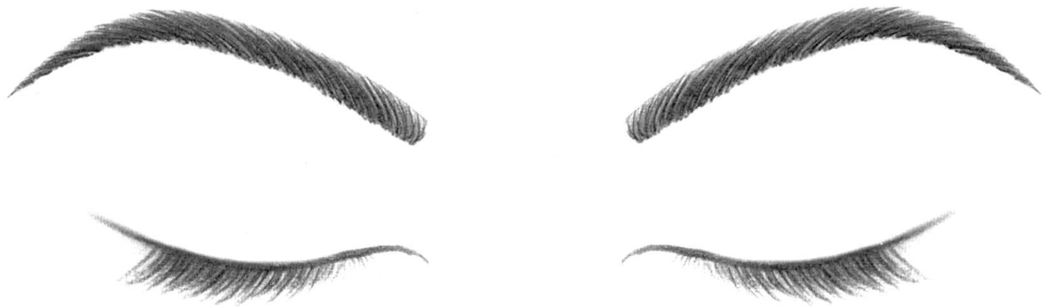

6. 입술(Lip)

7. 헤 어(Hair)

1) 원 통

2) 꼬인머리

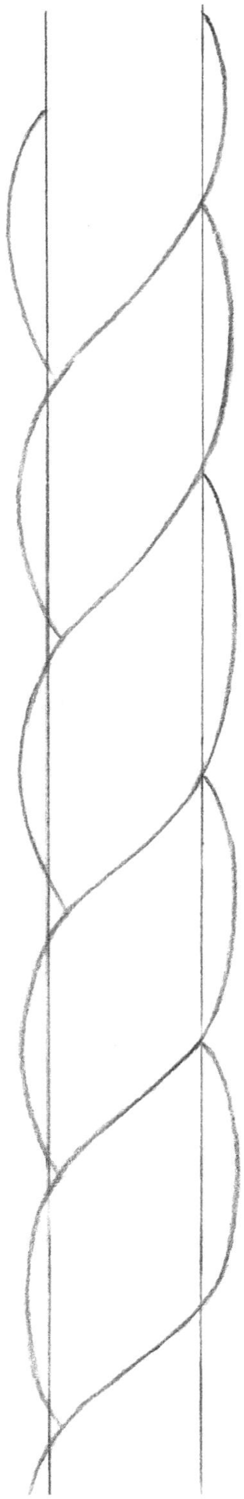

3) 땋은 머리

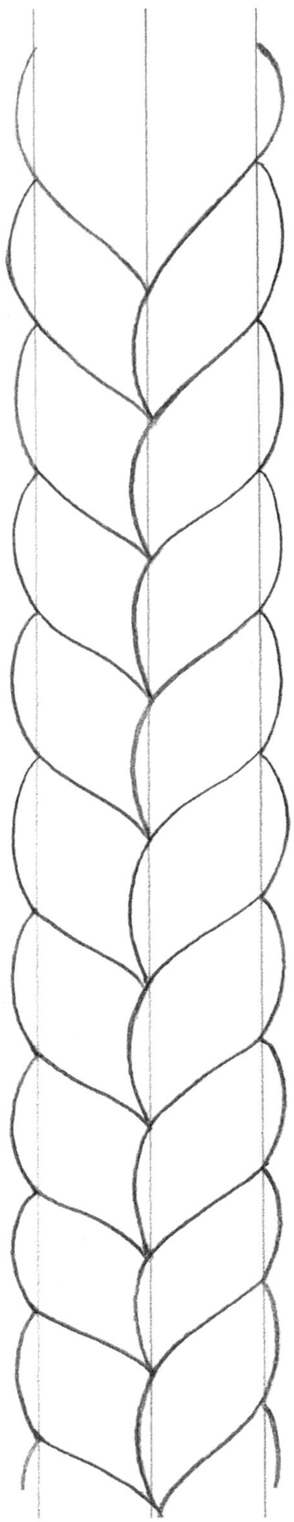

4) 나선형 컬

8. 얼굴형(Face)

1) 계란형

2) 둥근형

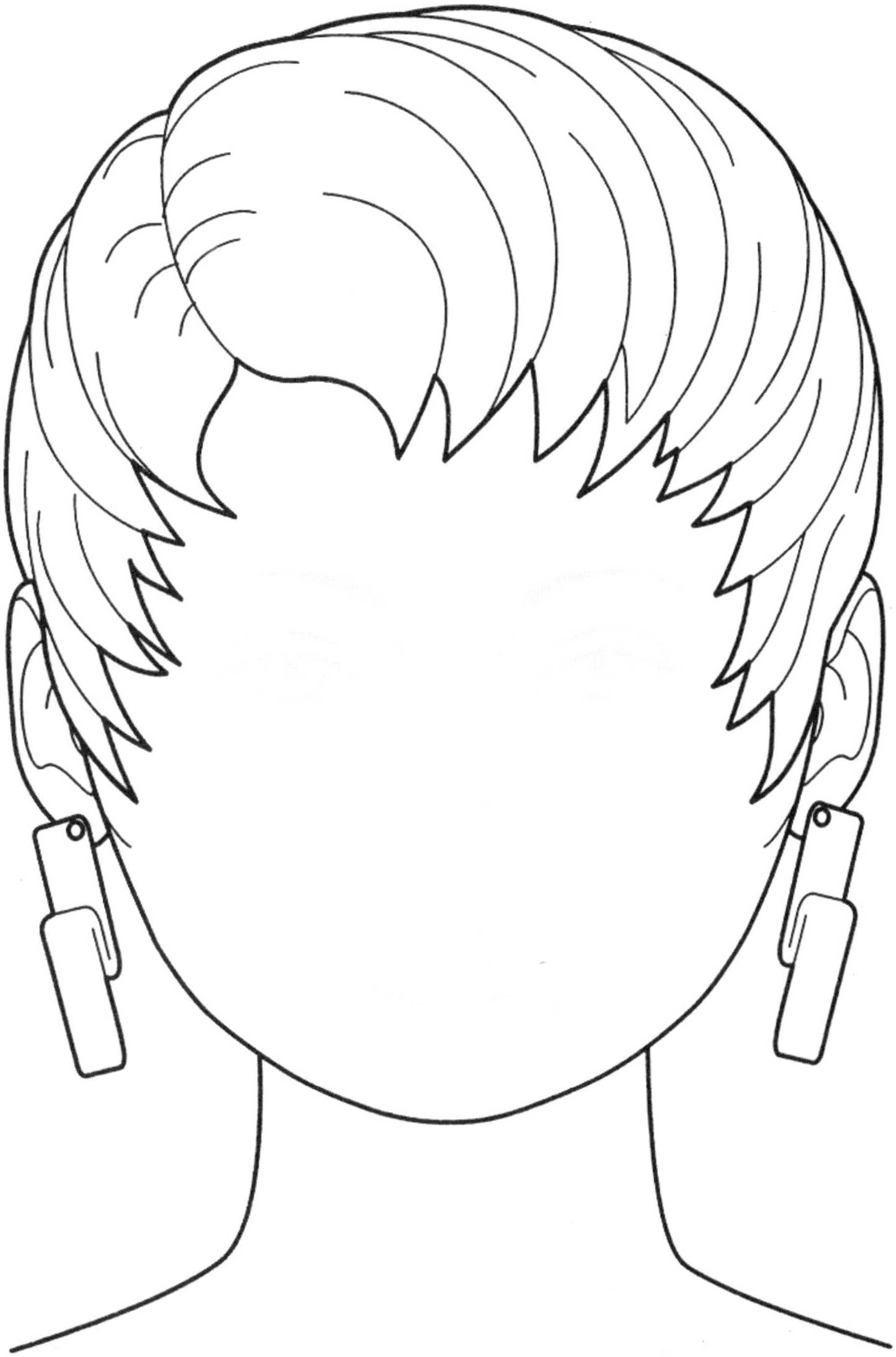

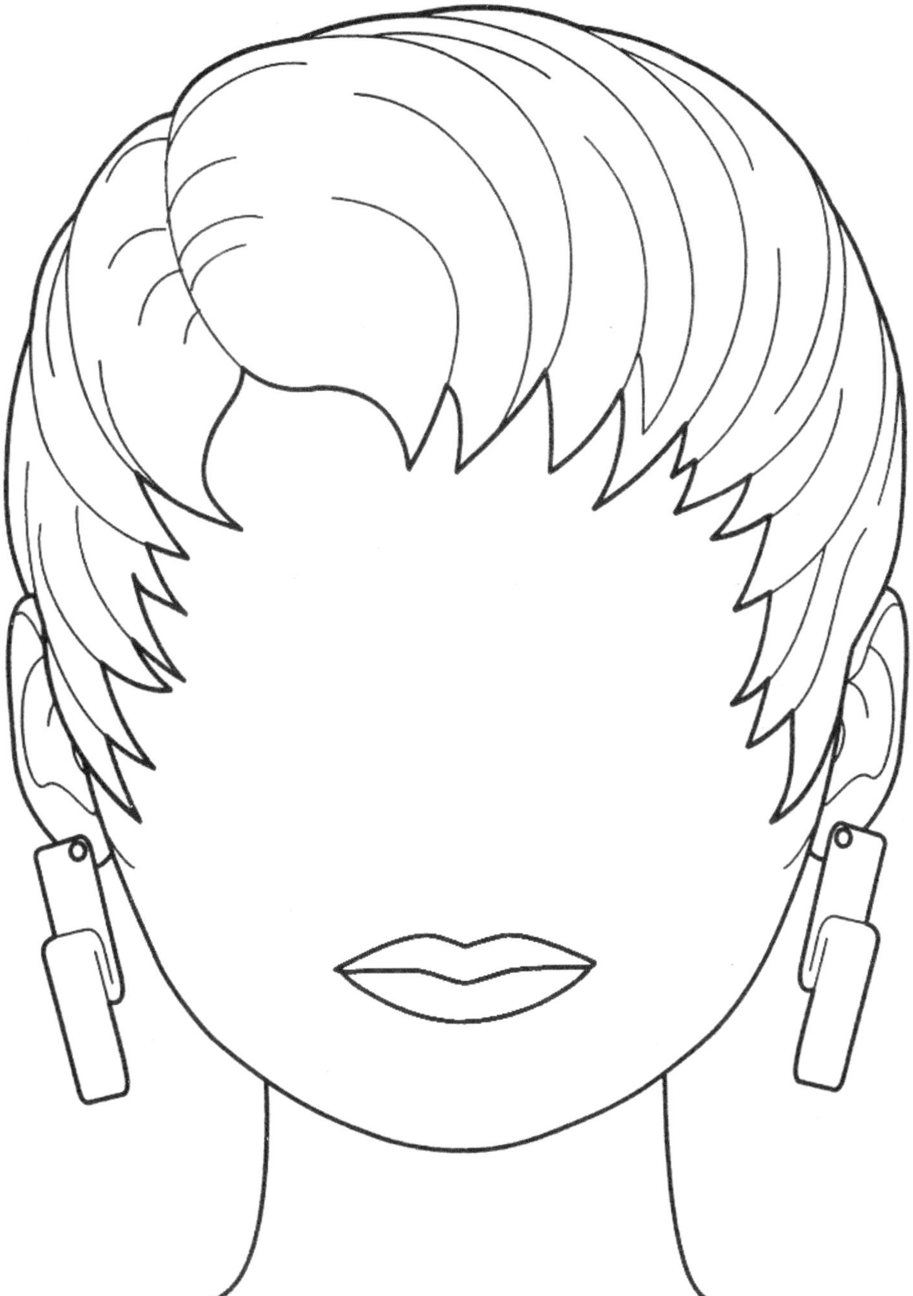

3) 사각형

4) 마름모

5) 삼각형

6) 역삼각형

9. Face design

10. Fantasy design

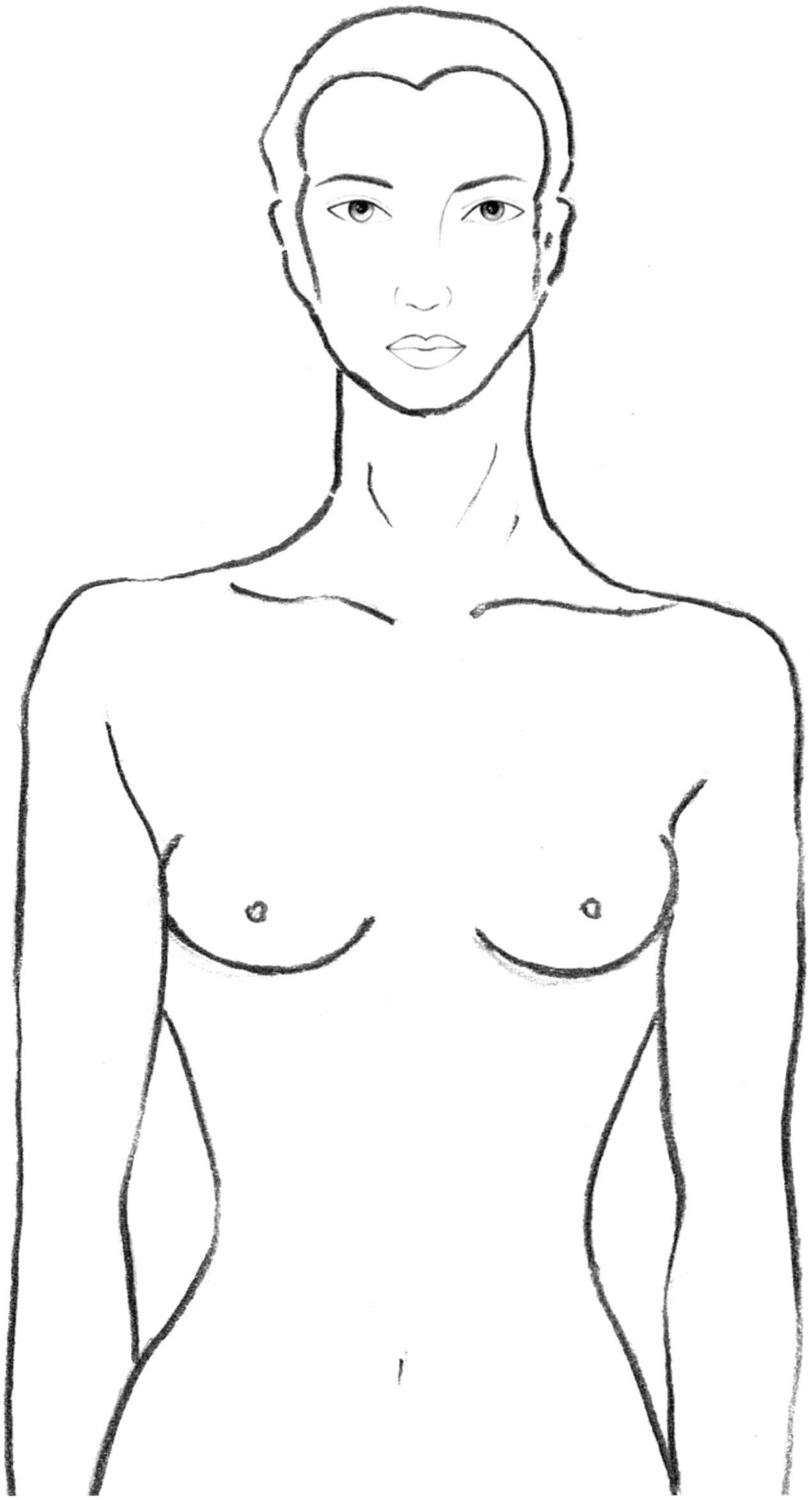

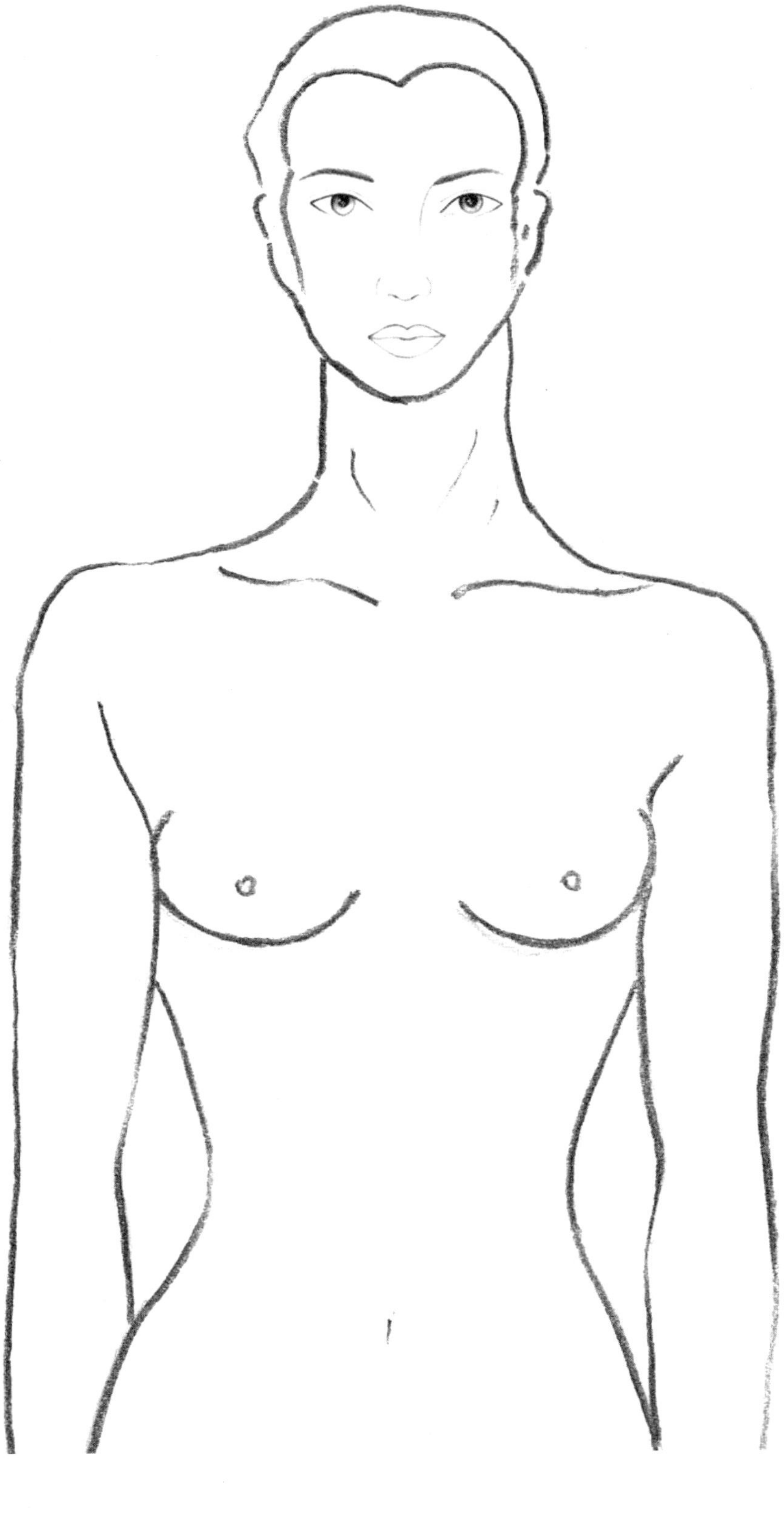

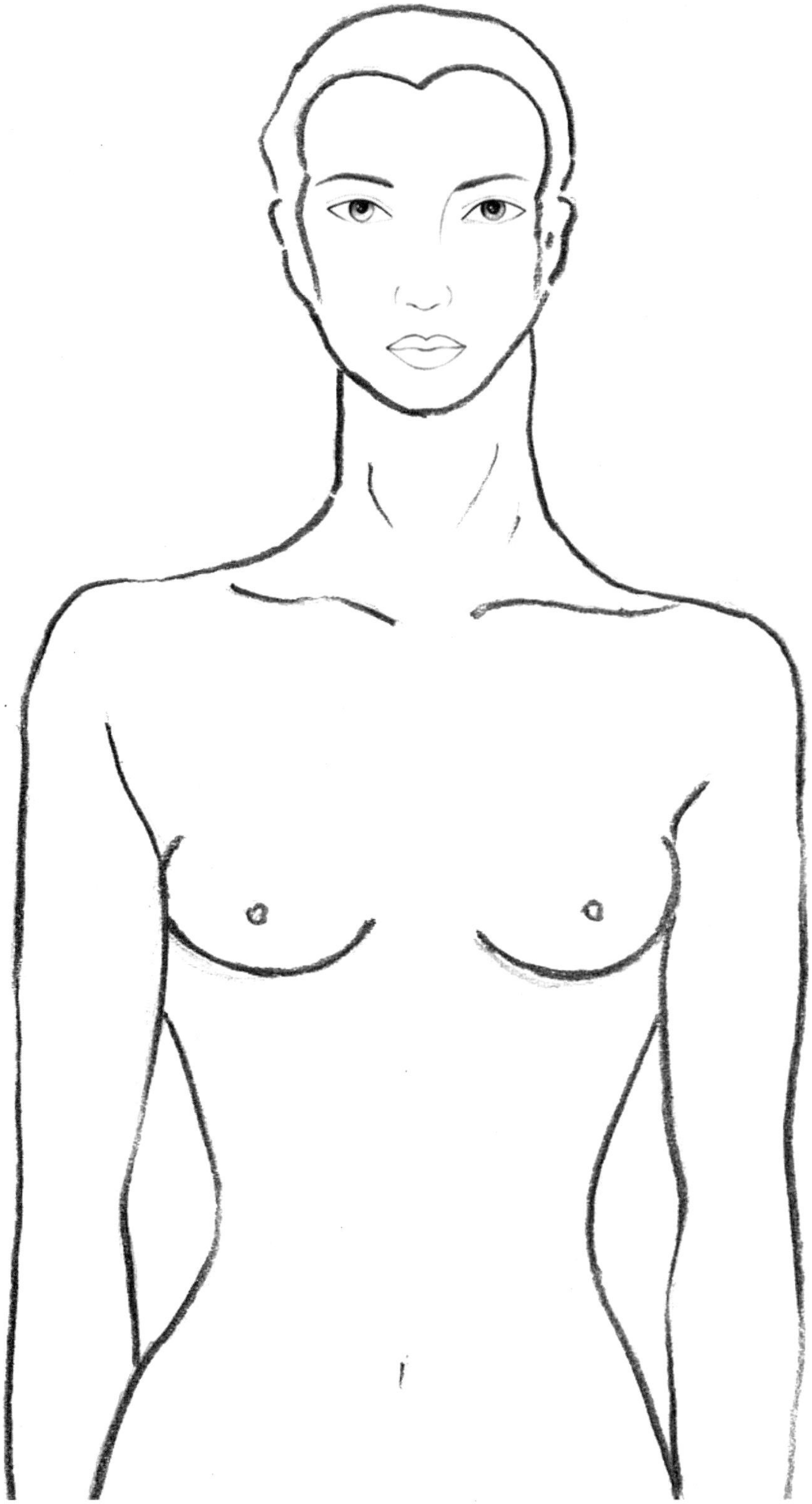

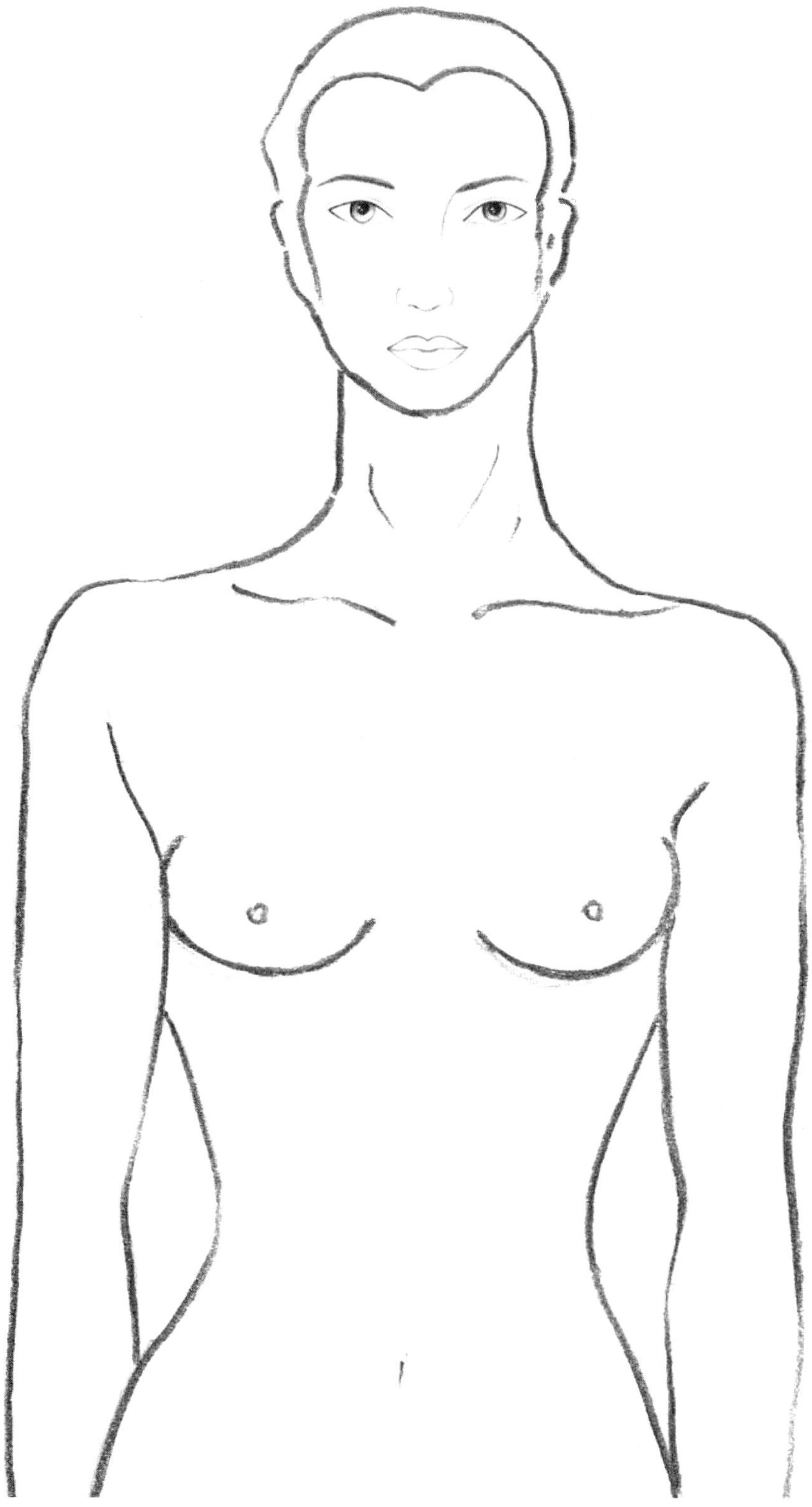

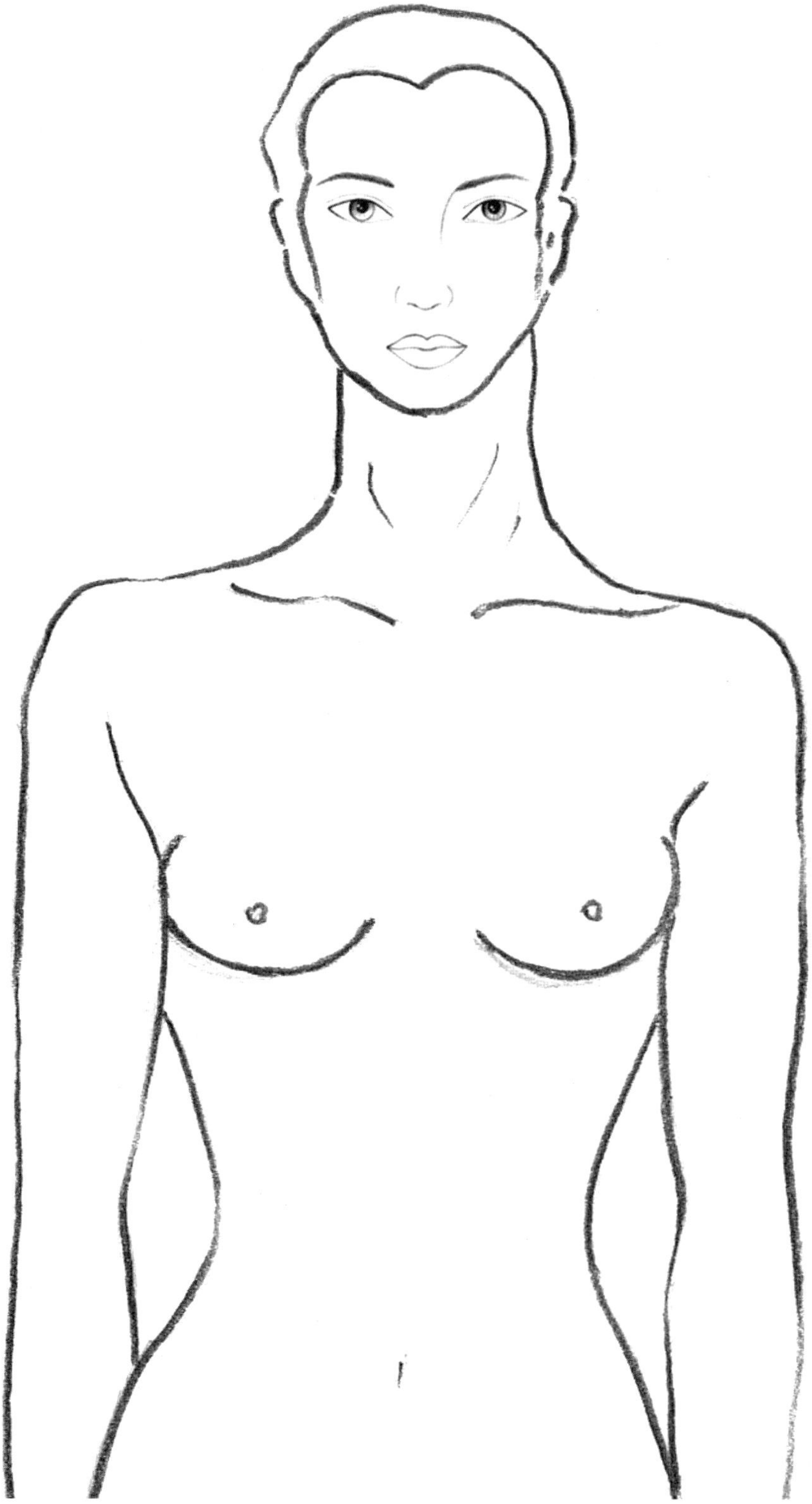

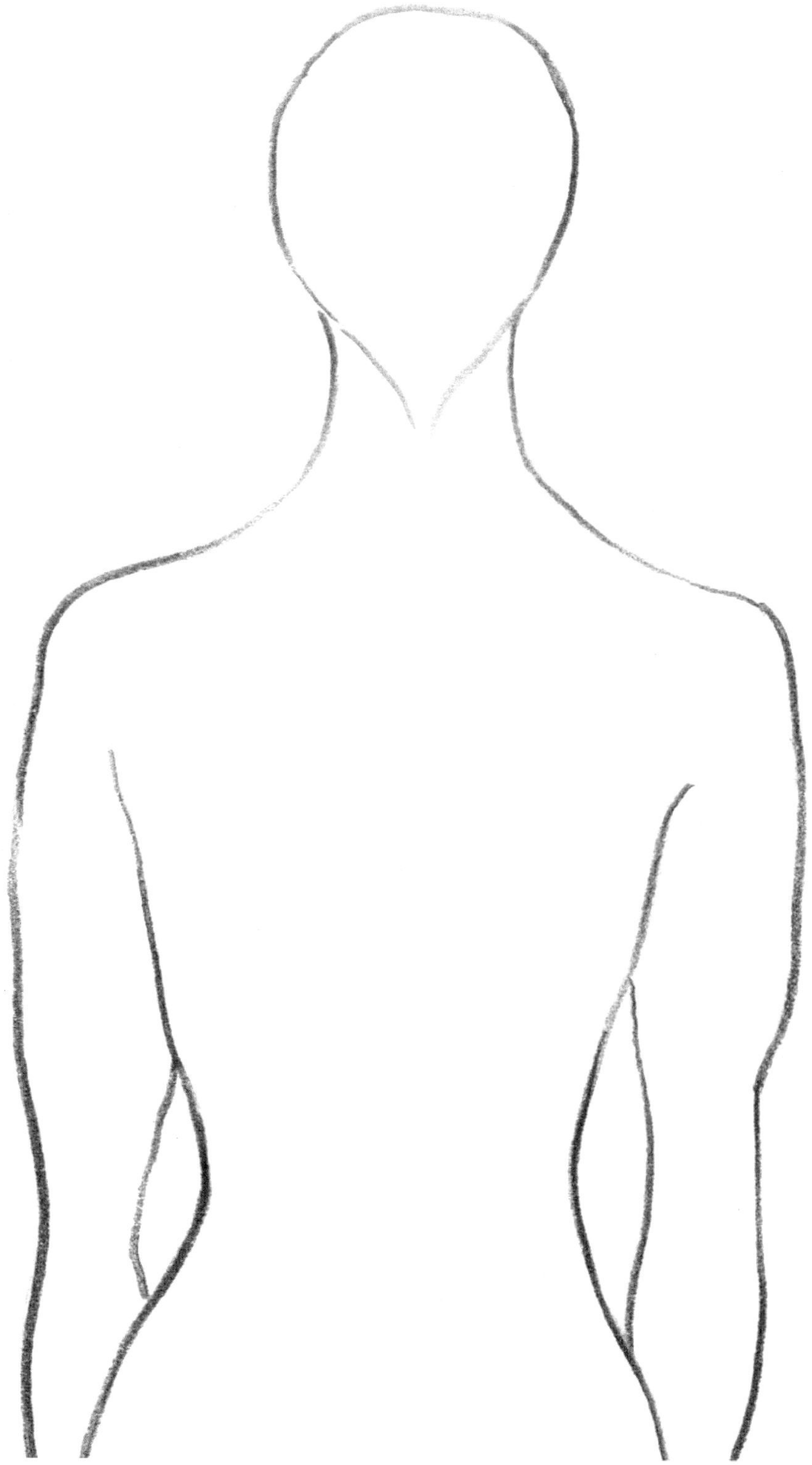

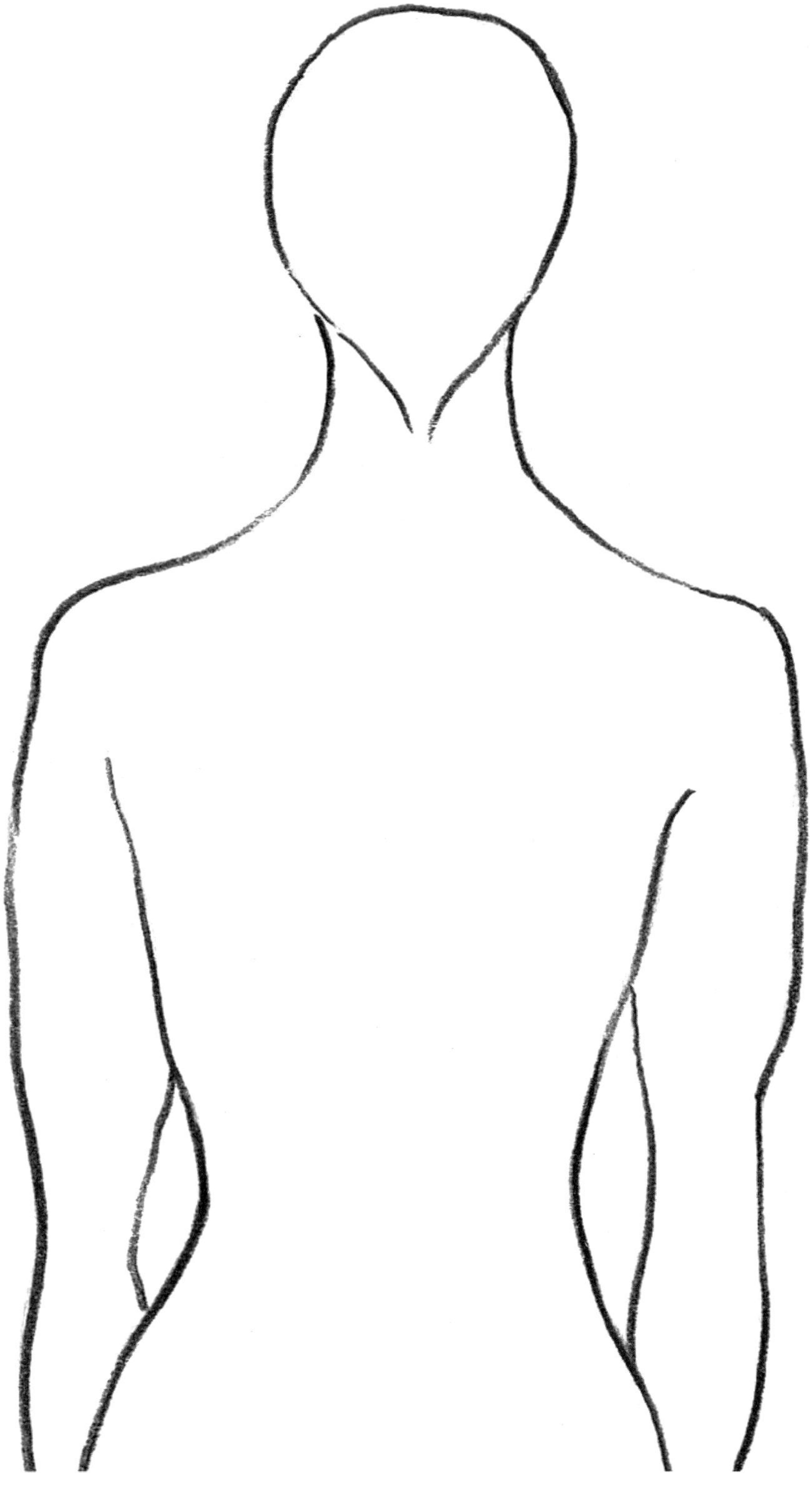

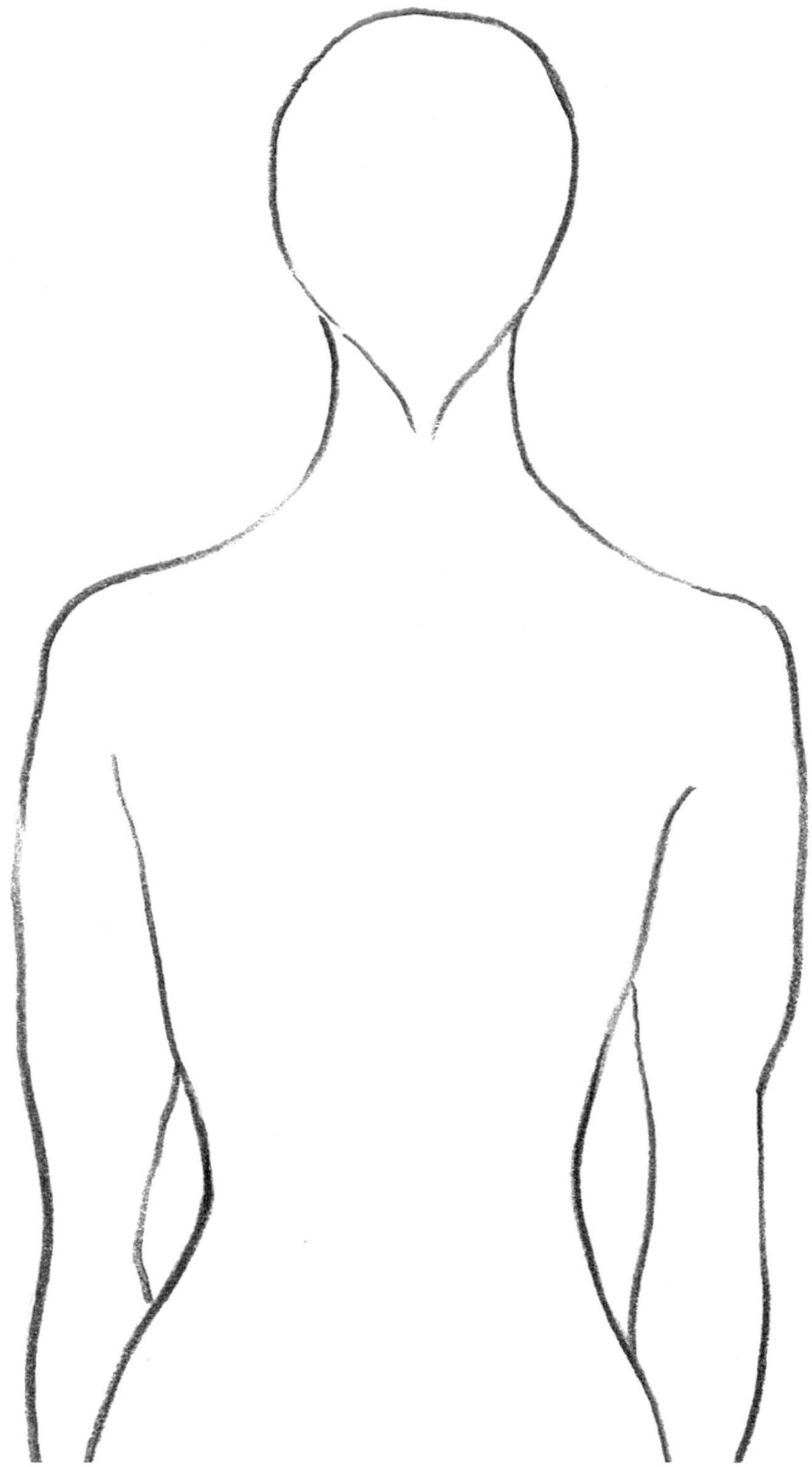

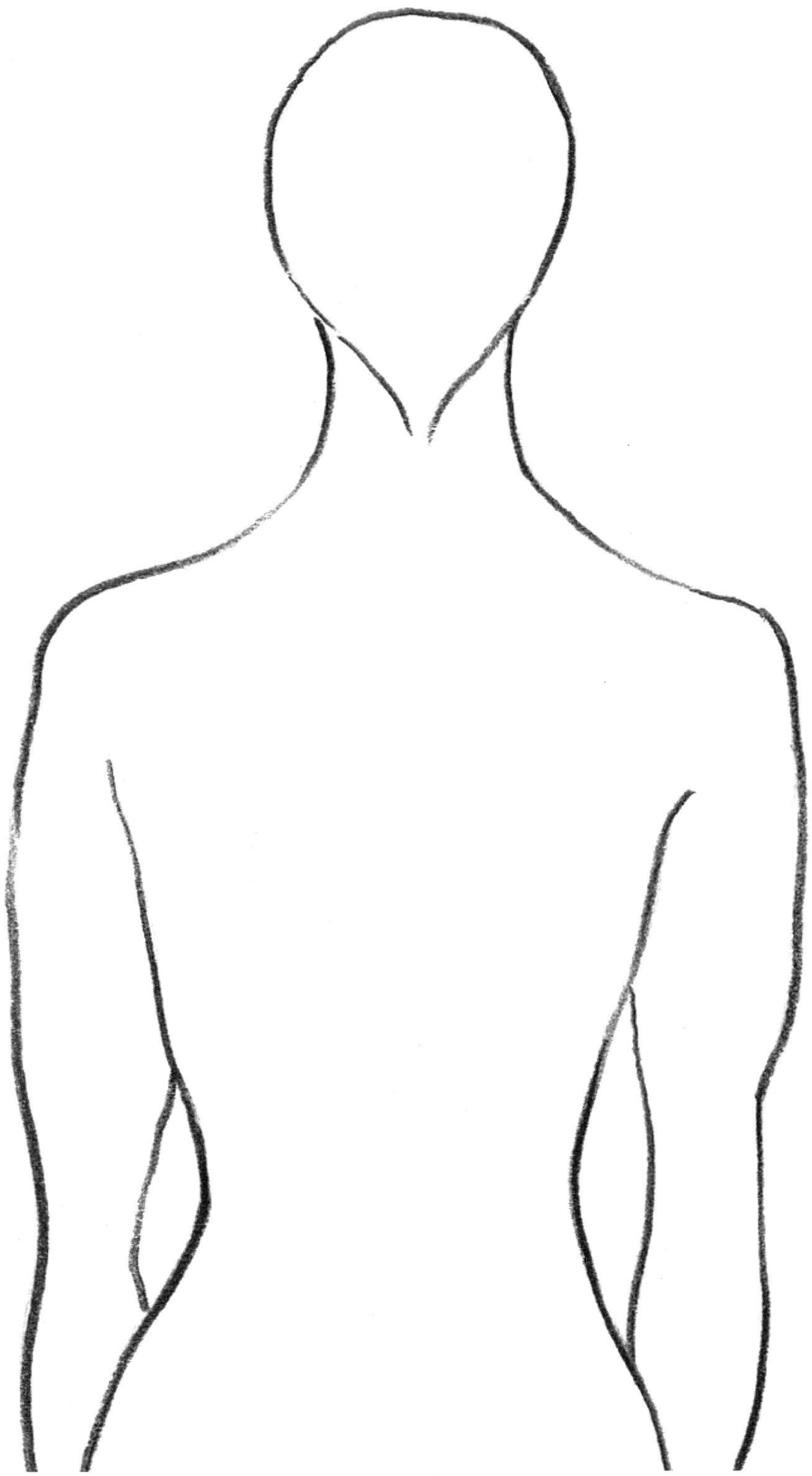

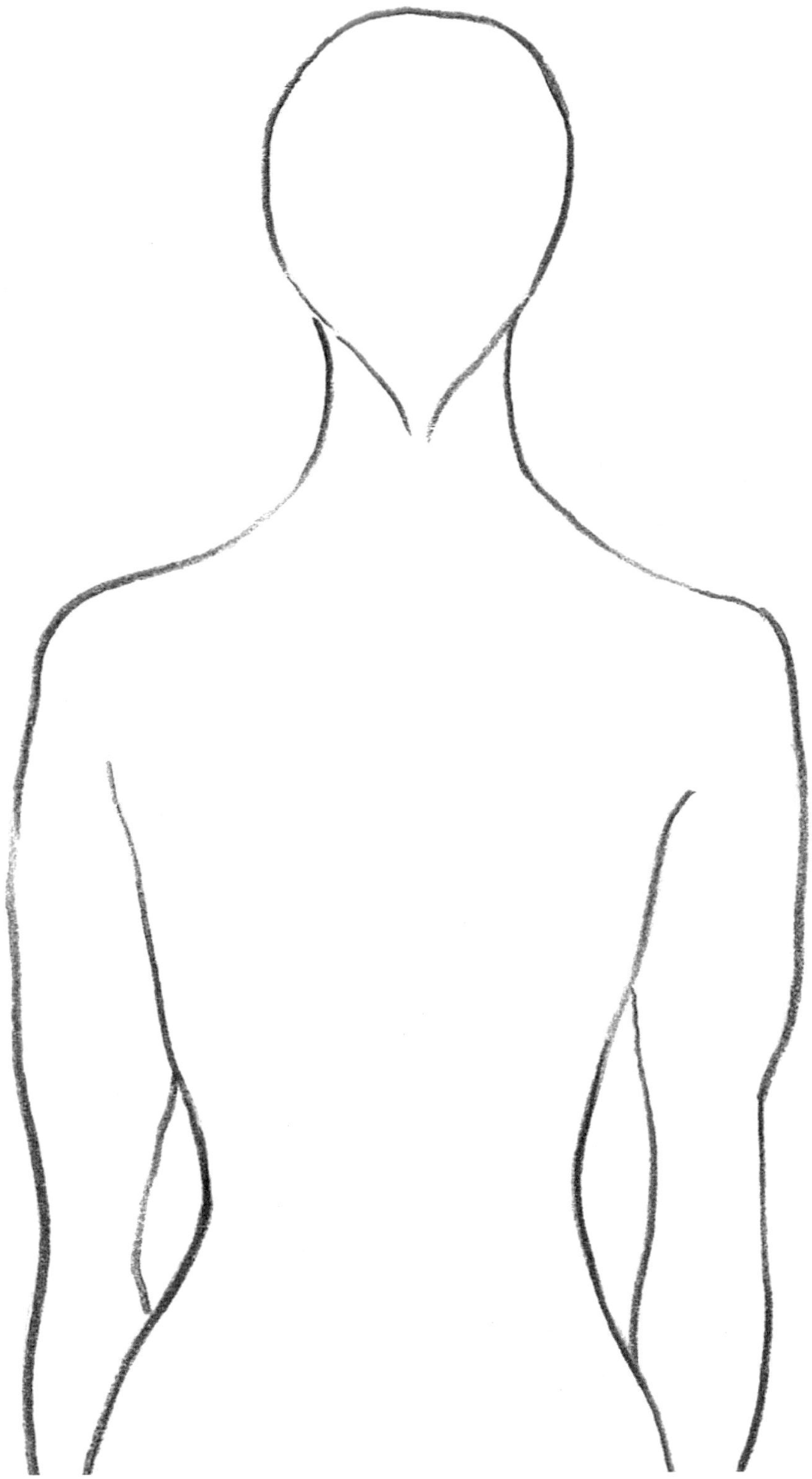

11. Body painting

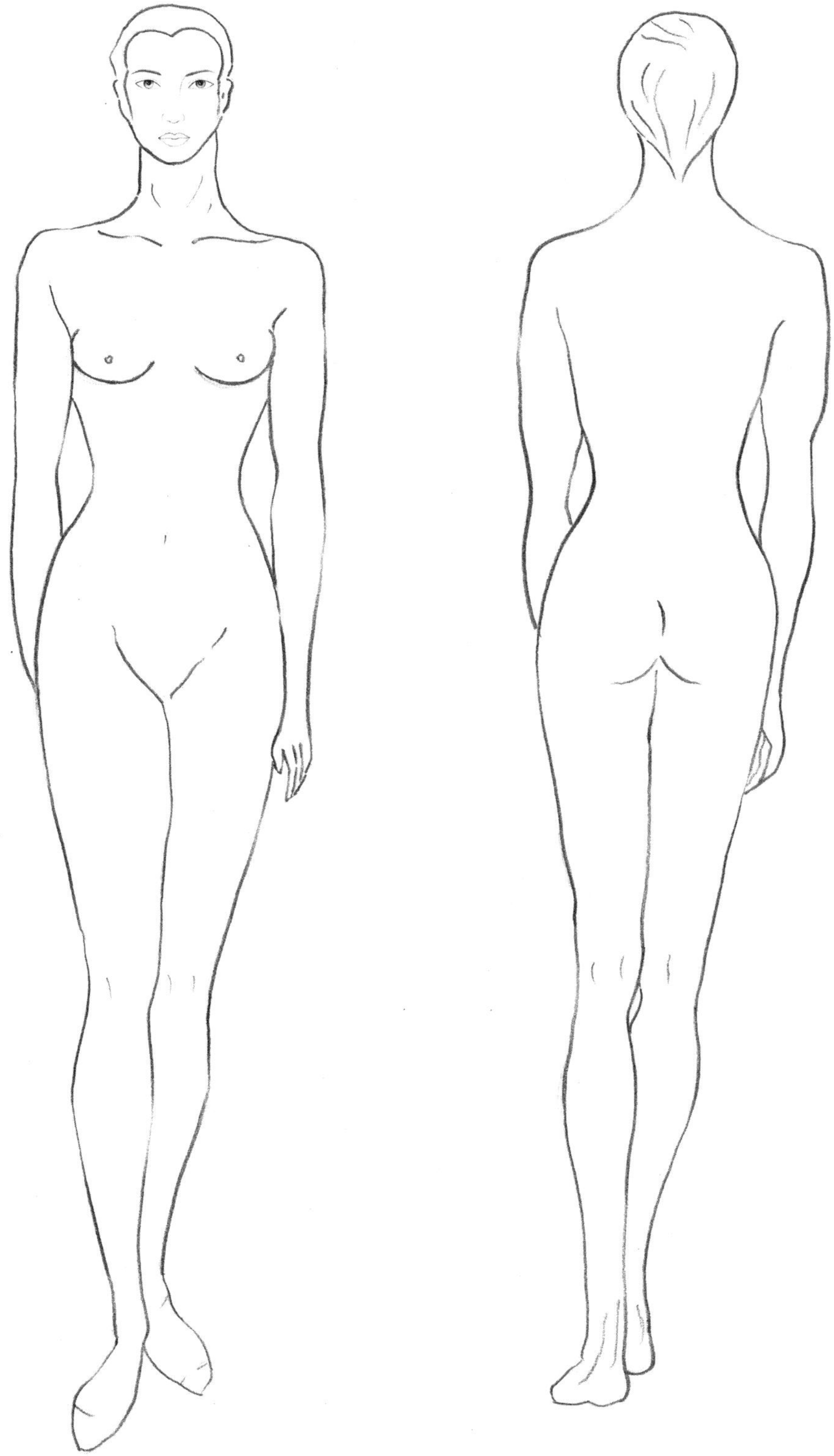

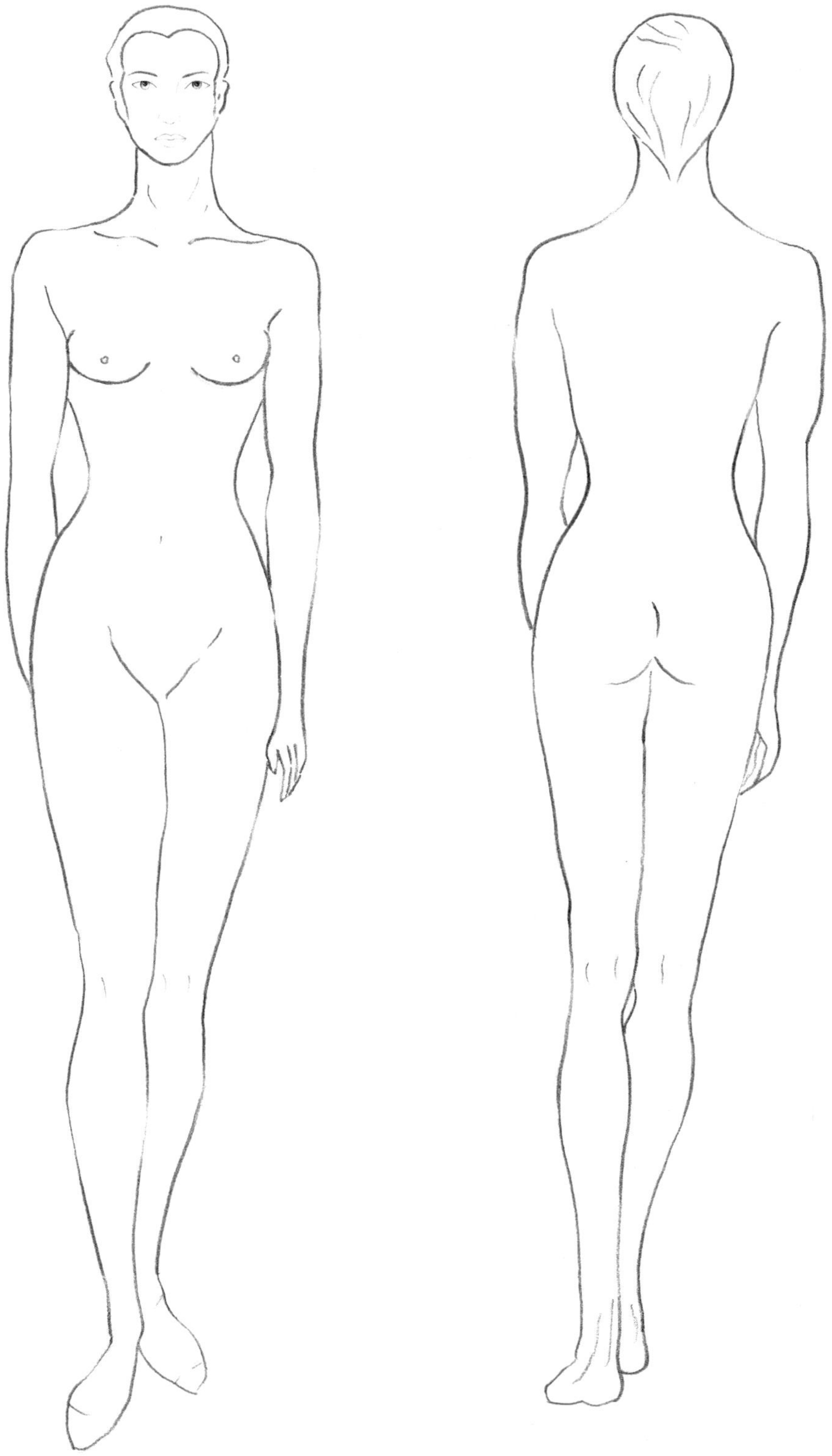

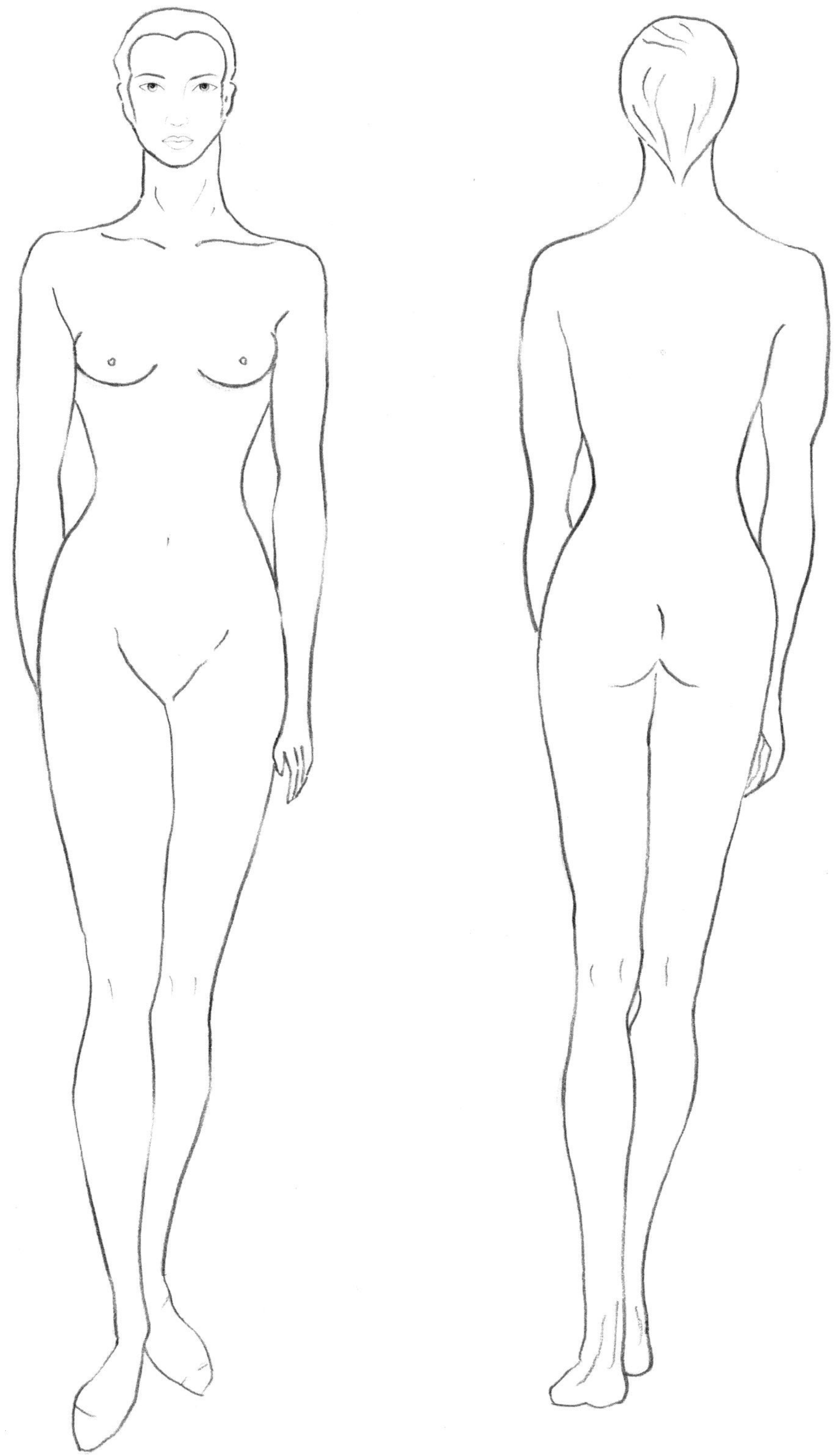

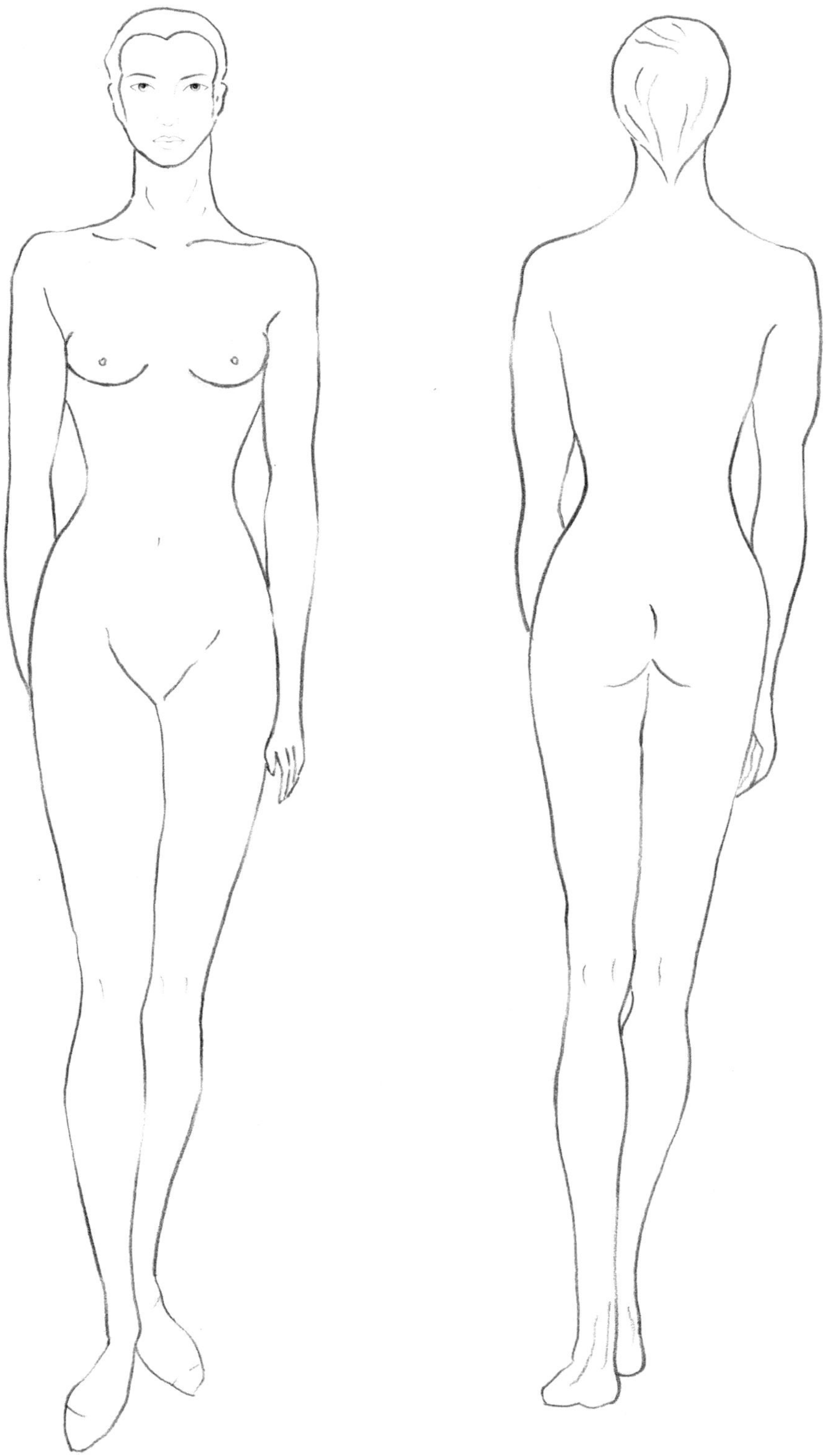

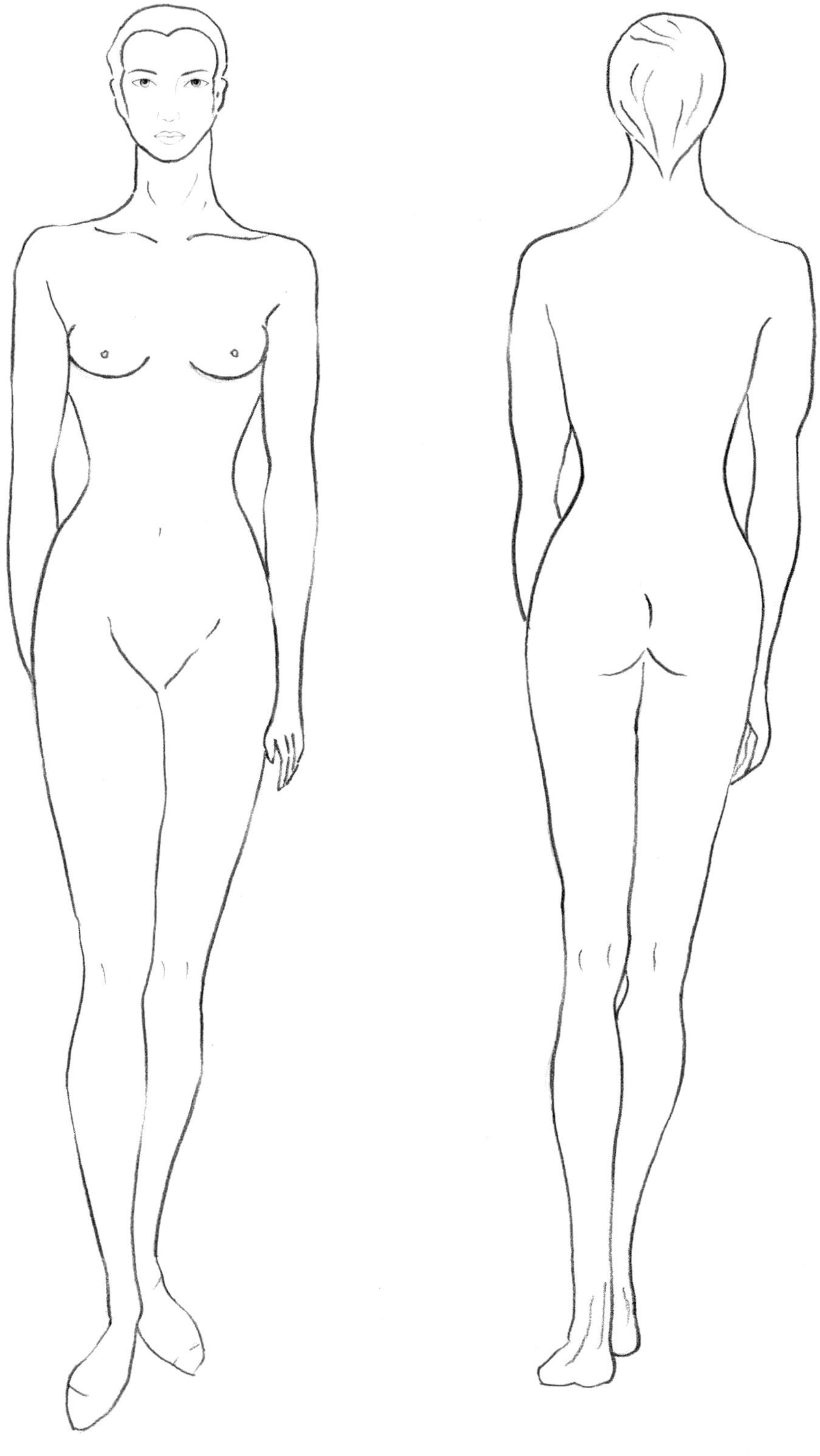

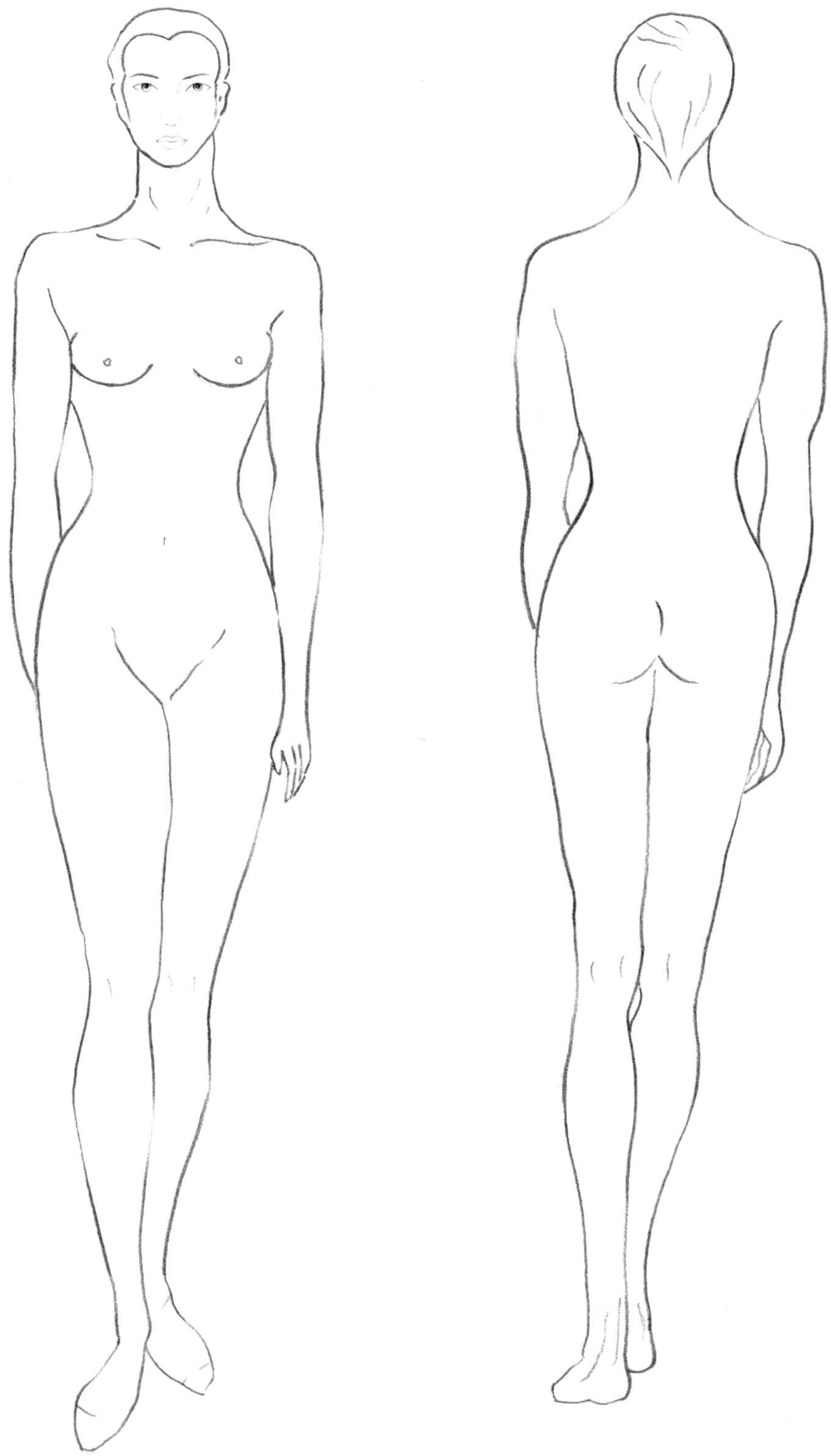

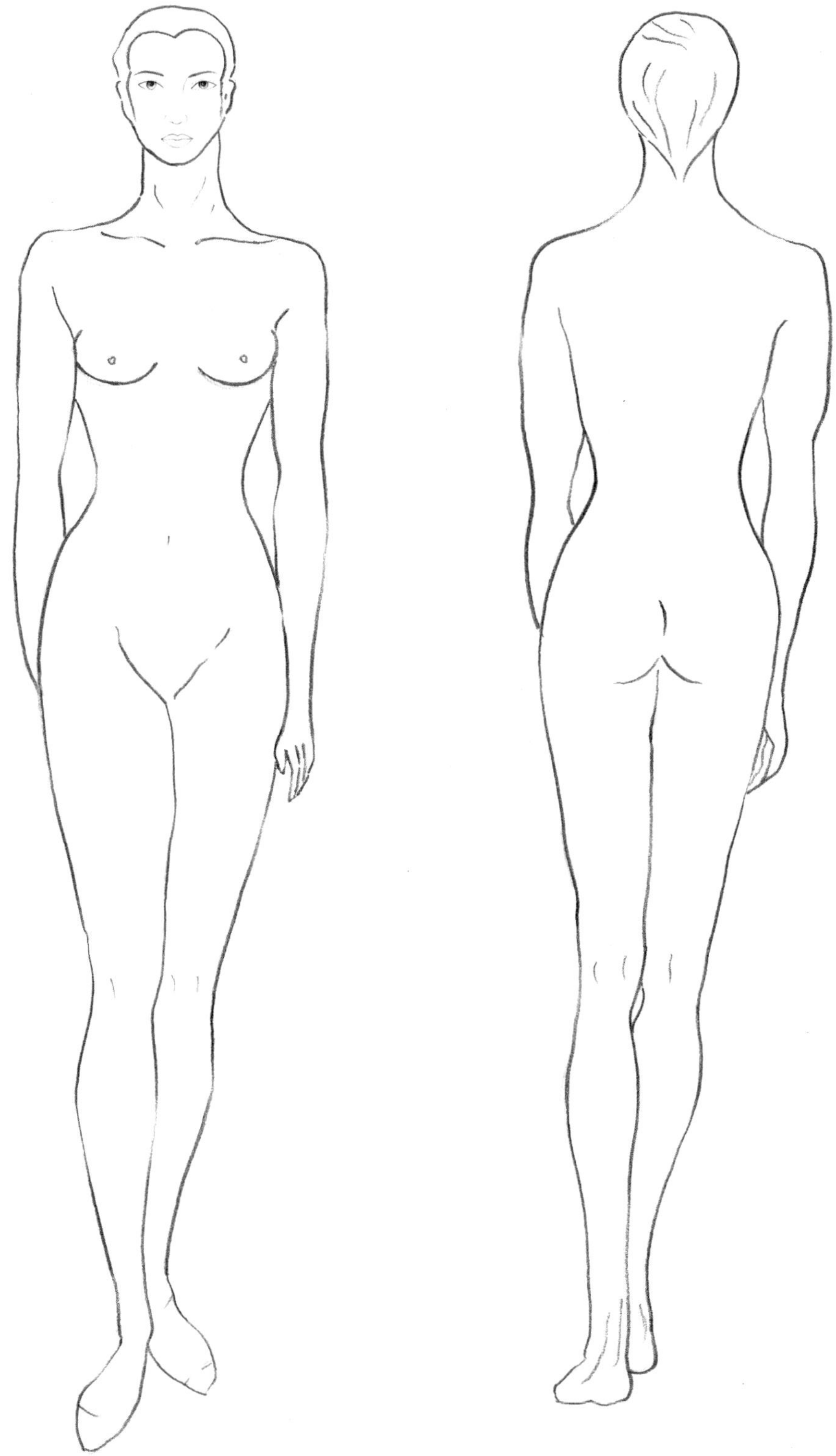

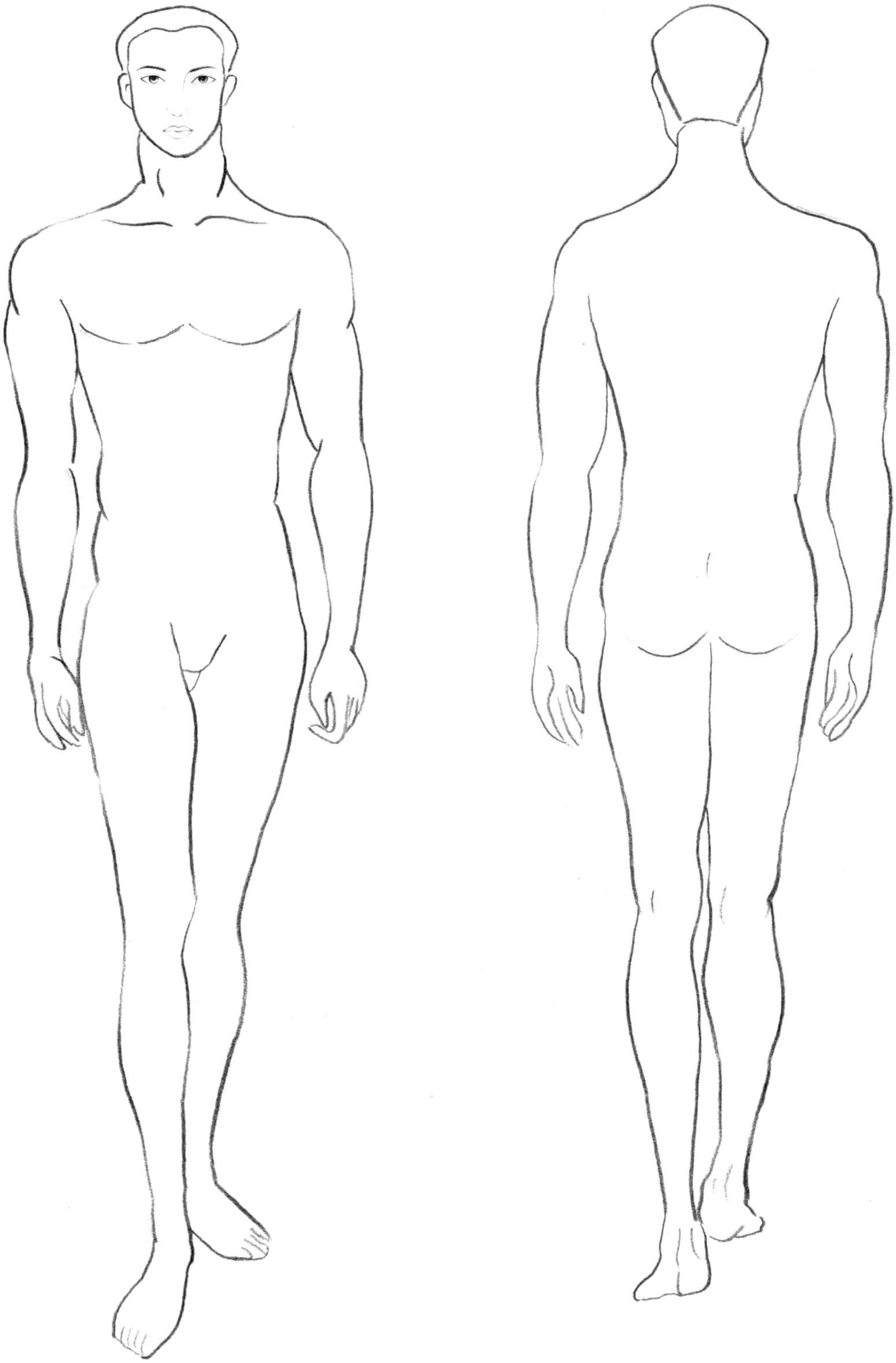

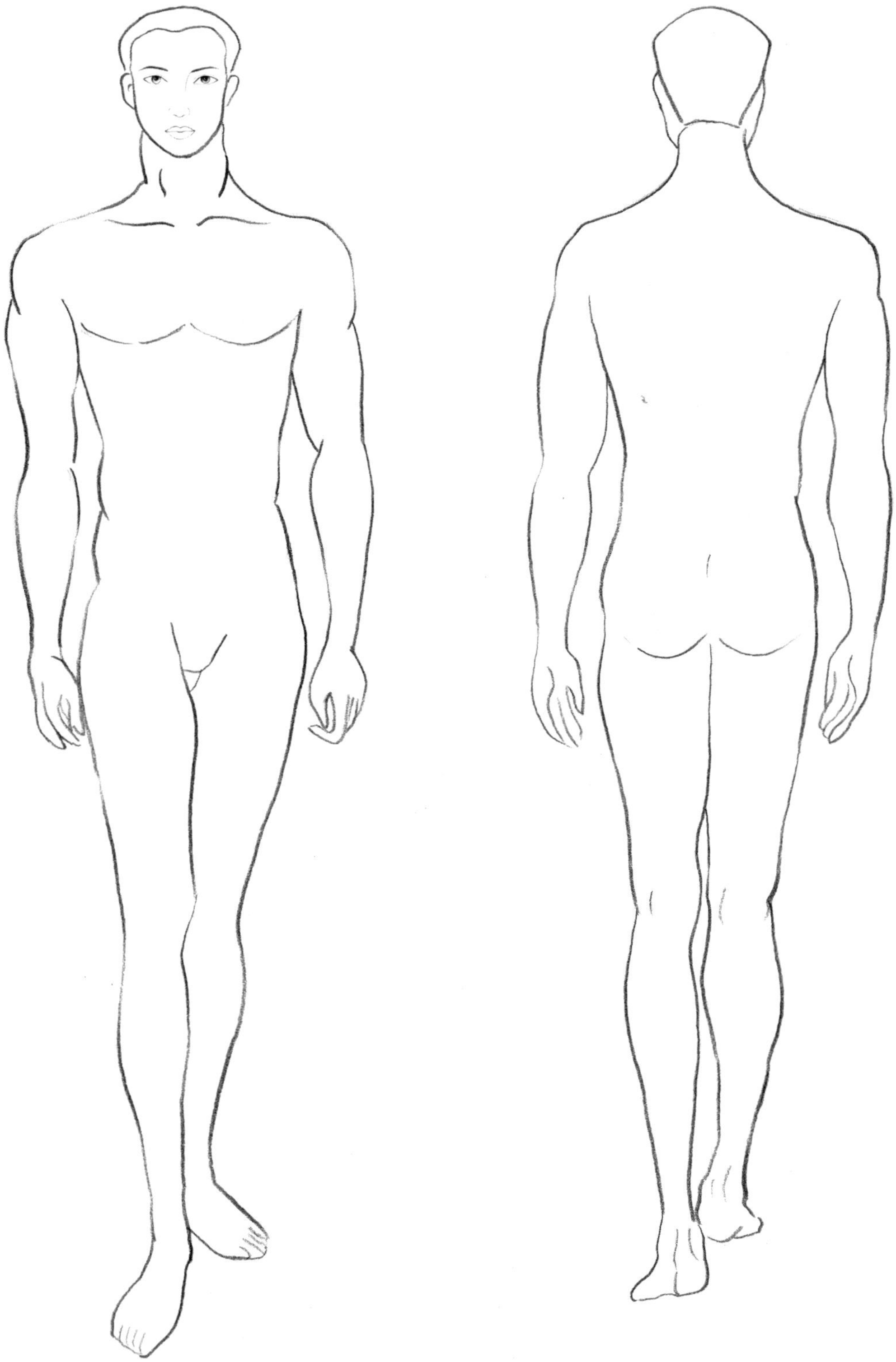

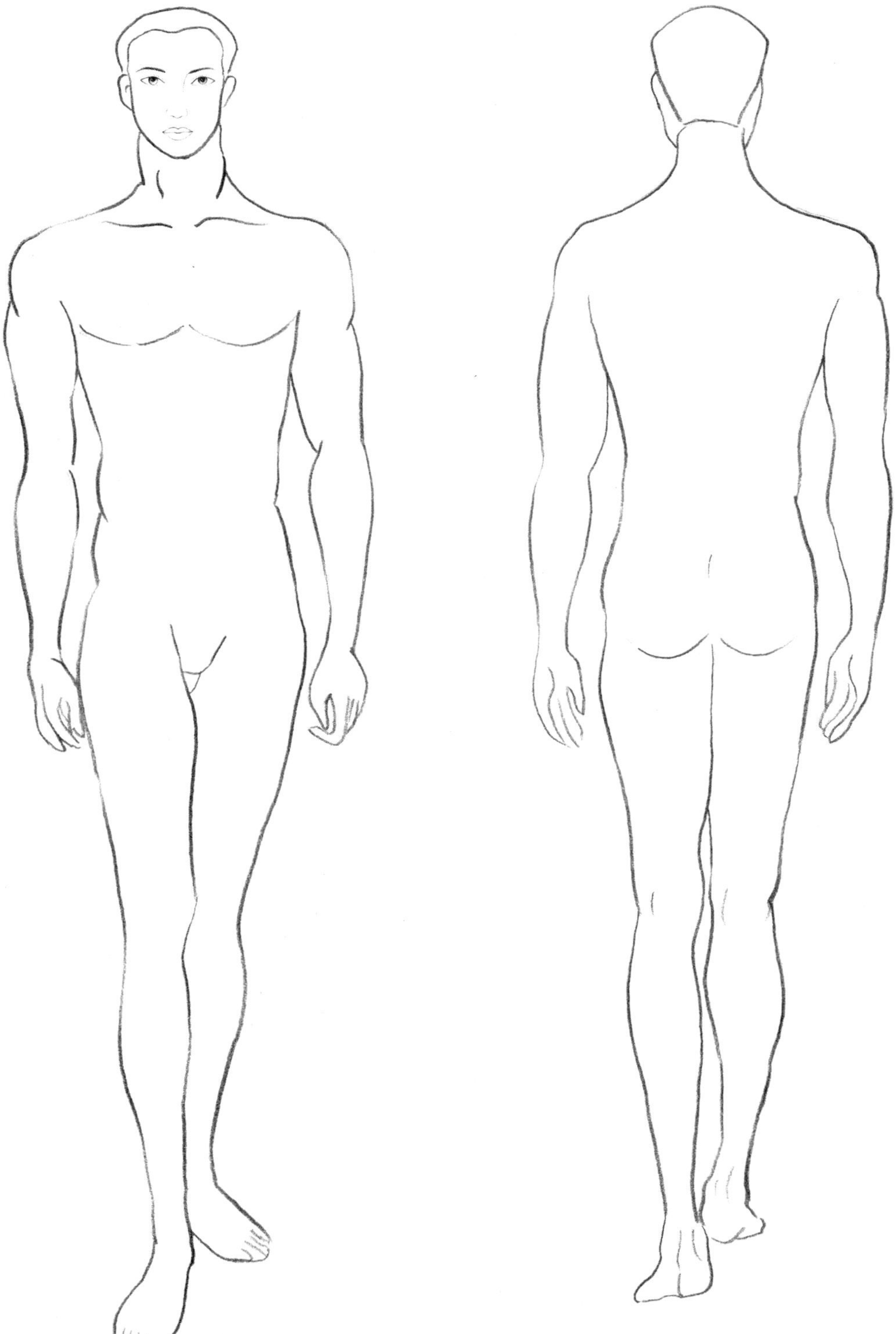

뷰티 일러스트레이션 패턴북

2007년 8월 10일 초판인쇄
2007년 8월 20일 초판발행

지은이 : 권태신, 송미영, 최성민
펴낸이 : 이상태
디자인 : 이헌숙
펴낸곳 : 청구문화사
주 소 : 서울특별시 서대문구 연희 1동 436-1번지
전 화 : 02-332-0541(代) FAX : 02-337-9577
등 록 : 1990년 11월 2일 제9-247호

가격 15,000원

ISBN 978-89-5616-209-6 93590